Eva Scheuermann

Ermittlung der Kreiszahl Pi und Umfang des Kreises

GRIN - Verlag für akademische Texte

Der GRIN Verlag mit Sitz in München und Ravensburg hat sich seit der Gründung im Jahr 1998 auf die Veröffentlichung akademischer Texte spezialisiert.

Die Verlagswebseite http://www.grin.com/ ist für Studenten, Hochschullehrer und andere Akademiker die ideale Plattform, ihre Fachaufsätze und Studien-, Seminar-, Diplom- oder Doktorarbeiten einem breiten Publikum zu präsentieren.

Dokument Nr. V44488 aus dem GRIN Verlagsprogramm

Eva Scheuermann

Ermittlung der Kreiszahl Pi und Umfang des Kreises

GRIN Verlag

Bibliografische Information Der Deutschen Bibliothek: Die Deutsche Bibliothek verzeichnet diese Publikation in der Deutschen Nationalbibliografie; detaillierte bibliografische Daten sind im Internet über http://dnb.ddb.de/ abrufbar.

1. Auflage 2005
Copyright © 2005 GRIN Verlag
http://www.grin.com/
Druck und Bindung: Books on Demand GmbH, Norderstedt Germany
ISBN 978-3-638-65061-8

NAME:	xxx
STRAßE:	xxx
WOHNORT:	xxx
HOCHSCHULE:	Pädagogische Hochschule Weingarten
SEMESTER:	III
FÄCHER:	Mathematik, Haushalt/Textil, Informatik

UNTERRICHTSENTWURF

ERMITTLUNG DER KREISZAHL π
UMFANG DES KREISES

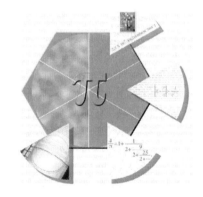

SCHULE:	Realschule Markdorf
SOMMERSEMESTER:	2005
MENTOR:	Herr x
DOZENT:	Herr y
KLASSE:	9c
FACH:	Mathematik
DATUM:	04.05.2005
ZEIT:	09:40 – 10:25

Inhaltsverzeichnis

1. **SOZIOKULTURELLER HINTERGRUND** 3
   - 1.1 VORSTELLUNG DER SCHULE 3
   - 1.2 VORSTELLUNG DER KLASSE 4
2. **SACHANALYSE** 5
   - 2.1 DER KREIS 5
   - 2.2 KREISZAHL PI 6
   - 2.3 DER UMFANG 7
3. **DIDAKTISCHE ANALYSE** 8
   - 3.1 BEZUG ZUM BILDUNGSPLAN 8
   - 3.2 SCHÜLERBEZUG 8
   - 3.3 UNTERRICHTSZIELE 10
4. **METHODISCHE ANALYSE** 11
5. **VERLAUFSKIZZE** 13
6. **REFLEXION/ NACHBESINNUNG** 15
   - 6.1 EIGENREFLEXION 15
   - 6.2 FREMDREFLEXION 15
7. **ANHANG** 17
   - 7.1 TAFELBILD/ TAFELANSCHRIEBE 17
   - 7.2 POWER POINT PRÄSENTATION, ARBEITSBLATT 18
   - 7.3 VERWENDETE LITERATUR 28

1. SOZIOKULTURELLER HINTERGRUND

1.1 Vorstellung der Schule

Die kooperative Gesamtschule, das Bildungszentrum Markdorf, ist ein großes Gebäude, in dem sich nicht nur die Realschule, sondern auch das Gymnasium und die Hauptschule befinden. Es ist die größte allgemein bildende Schule im Bodenseekreis. Alle drei Schularten arbeiten eng zusammen. Der Schulkomplex wurde zu Beginn der siebziger Jahre als Modellschule eingerichtet. Die Realschule ist die größte der drei Schulen. Sie befindet sich im modernsten Teil des Bildungszentrums. Der Anbau wurde 1984 mit dem vorgelagerten Pausenhof Süd erbaut. Sie besteht aus ca. 900 Schülerinnen und Schüler. Diese sind in 30 Klassen aufgeteilt mit insgesamt 60 Lehrerinnen und Lehrer.

Die Schule ist ursprünglich als ländliches Bildungszentrum eingerichtet worden, das schwerpunktmäßig auf die im Hinterland des Bodensees liegenden Gemeinden ausgerichtet war. Doch heute kommen die Schüler nicht nur aus dem ländlichen, sonder auch von umliegenden Städten her. Wesentliche Merkmale aus der damaligen Zeit, nämlich die Ganztagsbetreuung der Schülerschaft, werden auch heute noch in positiver Weise fortgeführt. Ganztagsbetreuung heißt nicht Ganztagsschule, sondern meint die Teilnahme an der „Gestaltung der Freizeit" an einem zusätzlichen Nachmittag, entweder im Klassenverband (5/6) oder in Neigungs- und Interessensgruppen (7/8). In Klase 9 und 10 steht den Schülern die freiwillige Teilnahme an Arbeitsgemeinschaften offen.

Die Schule bietet eine Vielzahl von Bildungs- und Freizeitangebote an. In der Mittagspause haben die Schülerinnen und Schüler die Möglichkeit im Bistro der Schule Mittag zu essen. Des Weiteren können die Schüler das Angebot einer offenen Werkstatt, in den textilen Fachräumen sowie den Computerräumen nutzen. Es gibt auch noch zwei Spielbereiche, die zwischen dem Vor- und Nachmittagsunterricht geöffnet sind, ebenfalls die Mediothek und das Internet-Cafe. Ganztätig können die Jugendlichen auch die –öffentliche- Bibliothek in der Schule nutzen.

Außer den Klassenzimmern besitzt die Schule Fachräume für Biologie, Chemie, Physik und MUM.

Die Medienausstattung der Schule ist sehr vorbildhaft, da sie zwei Computerräume, einen mobilen Computerraum und mehrere Einheiten mit Beamer und Laptops besitzt.

1.2 VORSTELLUNG DER KLASSE

Die Klasse 9c an der Realschule in Markdorf ist mit 28 Schüler und Schülerinnen eine relativ große Klasse. Die Schüler teilen sich in 12 Mädchen und 17 Jungen, die zwischen 14 und 16 Jahre alt sind. Die schulischen Leistungen sind sehr unterschiedlich. Es gibt Schüler mit erheblichen Lernproblemen, aber auch solche mit nahezu keinen. Der Leistungsstand der Klasse liegt etwas unter dem Durchschnitt. Zu den schwächeren gehören auch drei Schüler die die Klasse zum zweiten Mal wiederholen.

Die Klasse hat an einem Versuch, „Lernen durch gegenseitiges Lehren", teilgenommen, daher sind sie eigenständiges Arbeiten gewohnt und kennen jegliche Sozial- und Arbeitsformen. Die Hilfsbereitschaft der Schülerinnen und Schüler sind teilweise sehr stark ausgeprägt. Sie haben meist ein offenes Verhältnis zu den Lehrern. Doch untereinander ist die Umgangsform je nach Schüler sehr unterschiedlich.

Die Schüler sitzen an 3 aneinander stehenden Tischreihen. Dies bietet jedem Schüler einen guten Blick an die Tafel. Allgemein herrscht in dem Klassenraum eine gute Atmosphäre. Das Klassenzimmer ist mit einer Tafel und einem Tageslichtprojektor ausgestattet. Zwei Seiten des Raumes bestehen aus großen Fenstern und bieten somit sehr viel Licht. Dies kann wiederum ein Nachteil sein, wenn man mit dem Beamer etwas präsentieren will. Dann muss man beide Seiten verdunkeln. An einer Seite steht ein Regal, wo sich Schulbücher und andere Materialien befinden und darüber eine Pinnwand, an die wichtigen Informationen hängen. Daneben stehen noch ein Computer und ein Drucker für die Schüler.

2. Sachanalyse

2.1 Der Kreis

„Kreis in der Geometrie, ebene Kurve (der Umfang), bei der jeder Punkt den gleichen Abstand von einem Fixpunkt, dem Mittelpunkt des Kreises, hat. Der Kreis gehört zu einer Klasse von Kurven, die man Kegelschnitte nennt, da man einen Kreis als Schnittpunkt eines geraden senkrechten Kegels mit einer senkrecht zur Achse des Kegels stehenden Ebene beschreiben kann.

Jede Strecke, die durch den Kreismittelpunkt verläuft und durch den Kreis begrenzt wird, heißt *Durchmesser* des Kreises. Der Durchmesser ist eine Strecke, die durch den Mittelpunkt verläuft und deren Endpunkte auf dem Kreisumfang liegen. Der Radius ist eine Strecke vom Kreismittelpunkt zum Kreisumfang. Eine Sehne heißt jeder Geradenabschnitt, der vom Kreis geschnitten wird. Ein Bogen des Kreises ist die Kurve, die sich zwischen zwei Punkten des Kreises spannt. Ein Mittelpunktswinkel ist ein Winkel mit dem Scheitel am Kreismittelpunkt und mit Schenkeln, die Radien des Kreises bilden.

Von allen ebenen Figuren mit dem gleichen Umfang besitzt der Kreis den größten Flächeninhalt. Das Verhältnis von Kreisumfang und Kreisdurchmesser ist eine Konstante, die mit dem Symbol π oder Pi gekennzeichnet wird. Pi ist eine der wichtigsten mathematischen Konstanten und spielt bei vielen Rechnungen und Beweisen in der Mathematik, Physik, Technik und anderen Wissenschaften eine Rolle. Pi beträgt etwa 3,141592.

Der Kreismittelpunkt ist das Symmetriezentrum, und jeder Durchmesser des Kreises ist eine Symmetrieachse. Konzentrische Kreise, das sind Kreise mit verschiedenen Umfängen, aber gleichem Mittelpunkt, schneiden sich nie.

Der Flächeninhalt eines Kreises entspricht π multipliziert mit dem Quadrat des Kreisradius.

Ein Kreisbogen ist proportional zum Winkel, der ihm am Mittelpunkt gegenüberliegt und umgekehrt. Diese Eigenschaft bildet die Grundlage des Winkelmaßes in Radiant. Ein Kreis hat 360 Grad."[1]

---

[1] Vgl. mit: Microsoft Encarta Enzyklopädie 2001, CD-Rom

2.2 Kreiszahl Pi

„Pi, griechischer Buchstabe (p), der in der Mathematik als Symbol für das Verhältnis des Umfangs eines Kreises zu seinem Durchmesser benutzt wird. Der griechische Mathematiker Archimedes stellte richtig fest, dass der Wert zwischen $3\frac{10}{70}$ und $3\frac{10}{71}$ liegen muss. 190 n. Chr. wurde in China die Zahl auf fünf Stellen berechnet: 3,14159. Das Symbol π für dieses Verhältnis verwendete erstmals 1706 der englische Mathematiker William Jones. Aber es wurde erst 1737, nachdem der Schweizer Mathematiker Leonhard Euler es übernommen hatte, in weiten Kreisen gebräuchlich. 1882 bewies der deutsche Mathematiker Ferdinand Lindemann, dass π eine *transzendente* Zahl ist – d.h., sie ist nicht Lösung irgendeiner polynomischen Gleichung mit rationalen Koeffizienten. Infolgedessen konnte Lindemann beweisen, dass die Quadratur des Kreises sowohl algebraisch als auch durch Zirkel und Lineal unmöglich ist.

Obwohl π eine irrationale Zahl ist, also unendlich viele Dezimalstellen besitzt, kann sie beliebig genau durch eine besondere mathematische Operation, eine Taylor-Reihenentwicklung, ermittelt werden. Mit Hilfe eines Computers wurde π 1989 auf 480 Millionen Stellen berechnet. Im März 1998 gelangen mit Hilfe eines Verbundes von Hochleistungsrechnern 51 Milliarden Stellen hinter dem Komma."[2]

„Die Suche nach dem Zusammenhang zwischen Radius und Fläche bzw. Umfang des Kreises ist vermutlich so alt wie die Geschichte der Geometrie. Schon von den Babyloniern sind Angaben dazu bekannt; allerdings rechneten sie meist mit dem stark gerundeten Wert π = 3. Die Ägypter kamen dem wahren Wert sehr viel näher: Sie benutzten $\frac{\pi}{4} \approx \frac{8}{9}$ dies entspricht in Dezimaldarstellung π = 3,1605. Archimedes (um 300 n. Chr.) schließlich entwickelte ein Verfahren, bei dem der Kreis durch ein- und umbeschriebene Vielecke angenähert wurde. Geht man beispielsweise von einem Quadrat

---

[2] Vgl. mit: Microsoft Encarta Enzyklopädie 2001, CD-Rom

aus, so erhält man mit Hilfe der Mittelsenkrechten daraus ein 8 – Eck, aus diesem ein 16 – Eck, dann ein 32 – Eck usw. Mit steigender Eckenzahl n werden die Kanten immer kürzer und die Form des Vielecks nähert sich – zumindest optisch – der des Kreises. In der Grenze, das heißt für ein „Unendlich – Eck", ist der Kreis erreicht.

Der Kreis mit ein- und umbeschriebenem 4- und 8 – Eck:

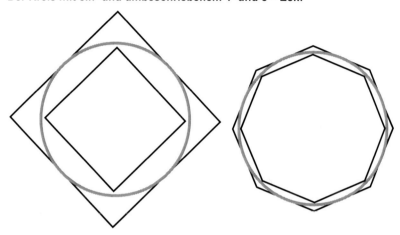

Archimedes selbst hatte die Ungleichung $3\frac{10}{71} < \pi < 3\frac{1}{7}$ erhalten."[3]

„Der derzeitige Rekord der Berechnung von π wird durch Yasumasa Kanada auf einem HITACHI Supercomputer mit 1.241 Milliarden Stellen gehalten."[4]

2.3 DER UMFANG

„Ein Umfang ist in der Mathematik (Geometrie) die Länge des Randes einer Fläche in der Zeichenebene (im $\mathbb{R}^2$).
Beispielsweise lautet die Formel für den Kreisumfang:

$$U = 2 \cdot \pi \cdot r$$

- U steht dabei für den Umfang,
- r für den Radius des Kreises und
  π für die Konstante Pi mit dem Wert 3,141592654..."[5]

---

[3] Vgl. mit: Handbuch Mathematik, S. 387
[4] Vgl. mit: http://de.wikipedia.org/wiki/Kreiszahl
[5] Vgl. mit: http://de.wikipedia.org/wiki/Umfang

3. DIDAKTISCHE ANALYSE

3.1 BEZUG ZUM BILDUNGSPLAN

Ausgehend vom Mathematikunterricht in einer 10. Klasse findet man im neuen Bildungsplan den Bereich „1. Leitidee Zahl". Die Schüler und Schülerinnen sollen „die Notwendigkeit von Zahlenbereichserweiterungen verstehen und wissen um Bedeutung und Eigenschaften nicht rationaler Zahlen". Des Weiteren sollen sie „sinntragende Vorstellungen von den Zahlen und ihrer Darstellungen darlegen – und sie entsprechend der Verwendungsnotwendigkeit nutzen". Auch den „Zusammenhang" von Umfang und Durchmesser sollen sie „erkennen und beschreiben" können. Unter „2. Leitidee Messen" sollen die Schülerinnen und Schüler „Messergebnisse und berechnete Größen in sinnvoller Genauigkeit angeben" können. Des Weiteren sollen sie „gezielt Messungen vornehmen, Maßangaben entnehmen und damit Berechnungen durchführen". „Eine Möglichkeit zur näherungsweise Bestimmung des Umfangs eines Kreises darstellen" und „die Formel zur Kreisberechnung anwenden".[6]

3.2 SCHÜLERBEZUG

Für das Unterrichtsthema „Die Ermittlung der Kreiszahl π und der Umfang vom Kreis" findet man nicht unbedingt einen direkten Bezug zur Anwendbarkeit im Alltag. Später werden die Schülerinnen und Schüler die Zahl π einfach verwenden ohne darüber nachzudenken, wie diese Zahl eigentlich entsteht. Dennoch halte ich es für sinnvoll und wichtig, dass die Schülerinnen und Schüler lernen, Zusammenhänge zu erkennen (z.B. $\frac{u}{d}$) und Strategien zur Beweisbarkeit fachlicher Inhalte zu finden. Dadurch lernen sie, präzise zu denken und sich zu äußern, nicht nur im mathematischen Bereich.

Was den Jugendlichen schon bekannt ist, sind die Bezeichnungen am Kreis. Das Thema ist für die Geometrie von großer Bedeutung. Alles was rund und kreisförmig ist, wie z. B. der Zylinder, die Kugel, und vieles mehr, benötigt man die Zahl π um das Volumen oder die Oberfläche von einzelnen

---

[6] Vgl. mit: Ministerium für Kultus und Sport: Bildungsplan für die Realschule, Seite 65, 66

Objekten oder zusammengesetzten Flächen und Körpern auszurechnen. Auch das Vorstellungsvermögen der Schülerinnen und Schüler wird trainiert und angewendet. Für das spätere Leben sind solche geometrischen Figuren von großer Bedeutung. Überall, wo man hin schaut, sieht man Kreise. In der Umwelt findet man Kreise, z.B. die Erde, die Sonne, usw. sind rund. Auch viele alltägliche Gegenstände haben eine runde Form. Die Schülerinnen und Schüler kommen jeden Tag mit Kreisen in Verbindung. Z.B. wenn sie in die Schule fahren, sei es mit dem Fahrrad, Bus, Bahn, oder dem Auto, findet man überall Räder.

Die Zahl π gehört zu den wichtigsten Zahlen der Mathematik. Für die Zukunft der Jugendlichen ist es insofern wichtig die Kreiszahl zu kennen, da man in vielen Berufen ohne diese Zahl nicht auskommt. Auch bei mathematischen Untersuchengen wird sie gebraucht. Ebenfalls in der Physik und in der Chemie findet man die Zahl. Um die Gesetzte zu beschreiben und zu formulieren braucht man die abstrakte Mathematik und somit die Kreiszahl π. Aber nicht nur in manchen Berufen, sondern auch in weiterbildenden Schulen, wie z.B. das Berufs Kolleg I oder II oder die beruflichen Gymnasien (WG, TG, ...) braucht man ein bestimmtes Wissen, dass man erweitern kann.

Der Lehrer sollte den Unterricht so interessant wie möglich gestalten, um die Konzentration der Schülerinnen und Schüler anzuregen. Damit die Schülerinnen von Anfang an aufmerksam sind, soll nicht nur der Einstieg reizvoll gestaltet werden, sondern auch der weitere Unterrichtsverlauf so abwechslungsreich wie möglich sein. Das kann durch einen Wechsel der Medien geschehen oder aber auch durch die Sozialformen. Damit sich die Jugendlichen der Bedeutung des Themas bewusst werden, ist es wichtig, sie mit alltäglichen Situationen zu konfrontieren

3.3 Unterrichtsziele

Stundenziel:

Die Schülerinnen und Schüler sollen den Umfang eines Kreises berechnen können

Teilziel:

a) psychomotorisch
- mit einem Partner Messdaten erstellen können.
- Gegenstände präzise messe können.

b) kognitiv

Die Schüler und Schülerinnen sollen
- experimentell π bestimmen können.
- erkennen können, dass zwischen Umfang und Durchmesser eines Kreises ein Zusammenhang besteht.
- die Zahl π als konstant erkennen können.
- die Formel für die Berechnung des Umfangs eines Kreises kennen und anwenden können.

c) sozial

Die Schüler und Schülerinnen sollen
- selbständig Aufgaben lösen.
- sich beim Auftreten von Problemen gegenseitig helfen können.
- sich bei einer Wortmeldung und Erklärungen rücksichtsvoll gegenüber ihren Mitschülern verhalten, das bedeutet einander zuhören und ausreden lassen.

4. METHODISCHE ANALYSE

Nach der Begrüßung der Klasse werde ich als Einstieg die Hausaufgabe von der letzten Stunde kontrollieren. Falls es Probleme gab, bespreche ich nochmals kurz die Konstruktionen Schritt für Schritt, mit Hilfe der Power Point Präsentation, durch. So sehen auch die schwächeren Schüler wie man beim Zeichnen vorgehen muss.

Als Überleitung auf das eigentliche Thema mache ich, zusammen mit den Schülerinnen und Schülern, eine kurze Wiederholung über die Bezeichnungen des Kreises. Dabei sollen die Begriffe Kreislinie (=Umfang), Mittelpunkt, Durchmesser, Radius und Kreisfläche nochmals in Erinnerung gerufen werden. Die Bezeichnungen sind nämlich für die weitere Stunde von großer Bedeutung.

In der Erarbeitungsphase bestimmen die Schülerinnen und Schüler handlungsorientiert die Kreiszahl π durch Messen und Entdecken am Kreis. Dazu teile ich verschiedene kreisförmige/runde Gegenstände und eine Schnur aus. Immer zwei Schülerinnen und Schüler arbeiten zusammen. Dies erleichtert das präzise Messen von Umfang und Durchmesser der Gegenstände. Den Umfang bekommen sie, indem sie die Schnur um den Gegenstand legen und anschließend mit einem Lineal ausmessen. Danach müssen sie das Verhältnis Umfang / Durchmesser berechnen. Damit die Schüler sich orientieren können, gebe ich eine Zeit von 10 Minuten vor.

Als Kontrolle tragen einige Schülerinnen und Schüler ihre Ergebnisse vor. Da die Zeit zu knapp ist, können nicht alle ihre Messungen vortragen. Ich halte einige Beispiele an der Tafel fest. Den Jugendlichen soll nun auffallen, dass bei jedem die Zahl drei heraus kommt und das bedeutet, dass der Umfang ungefähr dreimal der Durchmesser ist. Nur die Nachkommastellen haben größere Abweichungen. Dies liegt aber daran, dass einige Schüler nicht genau messen. Zur visuellen Ansicht, zeige ich eine Animation zum Umfang und Durchmesser. Diese soll die Zahl π nochmals verdeutlichen. Mit den jetzigen Kenntnissen müssen die Schülerinnen und Schüler die allgemeine Formel für die Berechnung am Kreis herleiten können. Eine Alternative ist, die Kreiszahl π nicht über das Verhältnis von Umfang und Durchmesser zu

ermitteln, sondern über „ein Verfahren, bei dem der Kreis durch ein- und umbeschriebene regelmäßige Vielecke angenähert wird".[7]

Ich entschied mich gegen diese Alternative, da ich denke, dass eine handlungsorientierte Form motivierend für die Jugendlichen ist und sich positiv für die weitere Stunde auswirken wird.

Anschließend sollen die Schülerinnen und Schüler die π-Taste auf ihrem Taschenrechner suchen um Aufgaben zu rechnen. Damit die Schüler eine Vorstellung bekommen wie viele Nachkomma stellen die Zahl π annäherungsweise hat, zeige ich ihnen mit Power Point ein Bild der Zahl π.

Zur Ergebnissicherung rechnen die Schülerinnen und Schüler einmal den Umfang, den Radius und den Durchmesser aus. Somit haben sie alle drei Varianten berechnet bevor sie zur Einzelarbeit weitergehen. Nun sollen die Jugendlichen an Hand von praxisbezogenen Bildern, Berechnungen am Kreis durchführen. Die Ergebnisse können die Schüler selbstständig, in der Power Point Präsentation, kontrollieren.

Zur Vertiefung teile ich noch ein Arbeitsblatt aus. Dieses beinhaltet alles, was in der Stunde behandelt wurde. Die Schülerinnen und Schüler fangen in der Stunde an das Blatt zu bearbeiten und machen den Rest als Hausaufgabe.

---

[7] Vgl. mit: Handbuch der Mathematik, S. 387

5. VERLAUFSKIZZE

Datum:	04.05.2005	Name:	x
Fach:	Mathematik	Klasse:	9c
Thema:	Ermittlung der Kreiszahl π und Umfang	Mentor:	Herr y
Schule:	Realschule im Bildungszentrum Markdorf	Ausbildungslehrer:	Herr z

Stundenziel: Die Schüler sollen:
- experimentell π bestimmen können
- erkennen können, dass zwischen Umfang und Durchmesser eines Kreises ein Zusammenhang besteht
- die Zahl π als konstant erkennen können

	Unterrichtliches Handeln				
Zeit	LehrerIn	Schüler	Sozialform	Medien	Bemerkungen
09:40	Begrüßung der Schüler L. schreibt seinen Namen an die Tafel **Einstieg (PP):** Hausaufgabenbesprechung: S. 109 Nr. 10 a, b, c	SuS begrüßen den L. SuS tragen ihre Lösungen vor	Klassengespräch	Beamer Notebook	Sicherung der letzten Stunde
09:47	PP: kurze Wiederholung zu den Bezeichnungen des Kreises.	SuS beteiligen sich am Klassengespräch	Klassengespräch	Beamer Notebook	Testen des bekannten Wissens
09:50	PP: „Messen und Entdecken am Kreis": L. zeigt am Beispiel einer CD nochmals den Durchmesser und Umfang eines Kreises L. erklärt die Arbeitsanweisung L. teilt den SuS Gegenstände aus. Kurze Besprechung der Ergebnisse L. was fällt euch auf?	SuS sollen in Partnerarbeit den Radius, Durchmesser ausmessen und das Verhältnis ausrechnen. Einige SuS tragen ihre Ergebnisse vor Das Verhältnis ist relativ konstant	Klassengespräch Partnerarbeit	Beamer Notebook versch. Gegenstände	SuS sollen exakt messen

Unterrichtliches Handeln

Zeit	LehrerIn	Schüler	Sozialform	Medien	Bemerkungen
10:00	PP: „Umfang des Kreises" L. ruft einen Schüler auf L: zeigt zur visuellen Ansicht eine Animation zum Umfang/π. L. ruft einen anderen Schüler auf	Schüler liest die Folie vor Schüler liest die nächste Folie vor	Klassengespräch	Beamer Notebook	Die Animation soll die Bedeutung der Zahl π nochmals veranschaulichen
10:07	PP: „Der Proportionalitätsfaktor ist die Zahl π" L. Wie lautet die Formel zur Berechnung des Umfangs L.: SuS sollen die π -Taste auf ihrem TR suchen L. zeigt ein Bild von π mit unendlich vielen Nachkommastellen	Schüler nennt die Formel SuS geben an, wo sie die Taste gefunden haben	Klassengespräch	Beamer Notebook	
10:10	PP: „Berechne den Umfang des Kreises": L. Lösen der Aufgaben mit Hilfe der SuS	SuS berechnen einmal den Umfang mit dem Radius und einmal mit dem Durchmesser. SuS berechnen den Radius/Durchmesser mit dem Umfang aus	Klassengespräch Einzelarbeit	Beamer Notebook	SuS sollen das gelernte an Aufgaben üben
10:14	PP: Neue Aufgabe wird vorgestellt Kurze Besprechung der Aufgaben	SuS lösen die Aufgaben SuS lesen ihre Ergebnisse vor	Klassengespräch Einzelarbeit	Beamer Notebook	Festigung des Gelernten
10:20 10:25	L. teilt ein Arbeitsblatt aus. HA: Rest des Arbeitsblattes	SuS bearbeiten das Arbeitsblatt	Klassengespräch Einzelarbeit	Arbeitsblatt	HA: bis nächsten Mittwoch

6. REFLEXION/ NACHBESINNUNG

6.1 EIGENREFLEXION

Im Großen und Ganzen fand ich meinen Unterricht gut. Die Stunde lief eigentlich wie geplant. Der Einstieg mit der Hausaufgabenkontrolle war etwas chaotisch. Wie schon die letzten paar Male haben viele Schülerinnen und Schüler ihre Hausaufgaben nicht gemacht. Deshalb bin ich die Konstruktionen Schritt für Schritt nochmals mit ihnen durchgegangen. Das fand ich eigentlich ganz gut, da so auch die schlechtern Schülern nochmals die Vorgehensweisen beobachten und nachvollziehen konnten. Doch als zum Schluss immer noch viele Jugendlichen die Hausaufgaben nicht verstanden hatten, bin ich einfach zum meiner eigentlichen Stunde übergegangen, da dies sonst zu viel Zeit in Anspruch genommen hätte.

Die Schülerinnen und Schüler waren während dem Unterricht sehr konzentriert. Mein Eindruck war, dass sie viel Spaß an der Stunde hatten. Vor allem hat ihnen der Versuch etwas Praktisches zu machen, viel Freude bereitet.

Die Unterrichtsstunde mit Power Point vorzubereiten, fand ich sehr gut. Es kostet zwar enorm viel Zeit eine gute Präsentation zu entwerfen, doch im Unterricht ist es sehr erleichternd. Man kann den Schülern das Gezeigte, immer wieder präsentieren. Auch für virtuelle Veranschaulichungen ist es sehr gut geeignet.

Am Ende wäre besser gewesen, wenn ich die Hausaufgabe nochmals an die Tafel geschrieben hätte. Wenn es geläutet hat, haben die meisten Schülerinnen und Schüler die Stunde für sich schon beendet und bekommen nichts mehr mit, was der Lehrer noch zu sagen hat. Darum ist es besser die Hausaufgaben immer an die Tafel zu schreiben.

6.2 FREMDREFLEXION

Den Kommilitoninnen und Kommilitonen hat die Stunde sehr gut gefallen. Am Anfang der Stunde, als so viele wieder ihre Hausaufgaben nicht gemacht hatten, hätte ich eine Strichliste machen sollen, um den Schülerinnen und Schüler klarzumachen, dass es so nicht weiter gehen kann.

Die Ergebnisse der einzelnen Schüler, die ich an die Tafel geschrieben habe, konnte man nicht gut lesen. Ich hätte größer und fester schreiben sollen. Auch eine Überschrift an der Tafel und im Heft hat gefehlt.

Der Mentor fand die Stunde auch sehr gut. Ich war freundlich aber auch sehr zurückhaltend. Bei den Hausaufgaben hätte ich z.B. die Stimme etwas anheben sollen.

Und der Dozent meinte nur noch, dass die Schülerinnen und Schüler die Zahl π in der Stunde nie schreiben mussten. Sie wusste zwar zum Schluss, was π ist, doch es wäre auch sinnvoll gewesen, sie die Zahl einige male schreiben zu lassen.

7. ANHANG

7.1 TAFELBILD/ TAFELANSCHRIEBE

$$u = 2 * \pi * r$$

Fr. x

Ergebnisse einzelner Schüler

d = ____ ; u = ____ ; $\frac{u}{d}$ = ____

d = ____ ; u = ____ ; $\frac{u}{d}$ = ____

d = ____ ; u = ____ ; $\frac{u}{d}$ = ____

7.2 POWER POINT PRÄSENTATION, ARBEITSBLATT

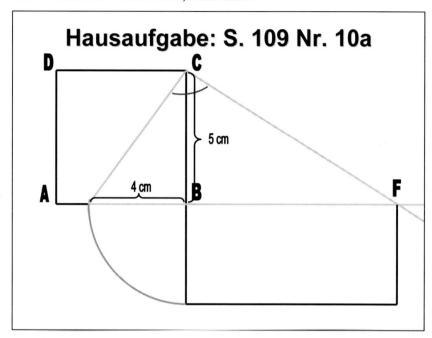

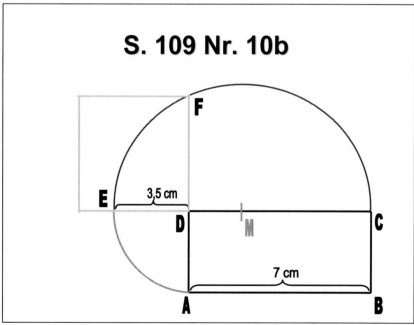

S. 109 Nr. 10c am Bsp. $\sqrt{32} = \sqrt{8 * 4}$

$\sqrt{32} = 5{,}6$ cm

A — 4 cm — C — M — 8 cm — B

D

Der Kreis und sein Umfang

Alle Punkte der Kreislinie (= Umfang) haben vom <u>Mittelpunkt</u> denselben Abstand, nämlich den Radius r.

Der Durchmesser d ist doppelt so lang wie der Radius r.

Kreisfläche

Kreislinie

d = 2r

Zurück

Messen und Entdecken am Kreis

	Durchmesser d	Umfang u	$\dfrac{u}{d} = ?$
Fahrradreifen	89,0 cm	279,6 cm	3,142...
Flasche	7,5 cm	23,6 cm	3,146...
CD	12,0 cm	37,7 cm	3,141...
Garnrolle	3,3 cm	10,5 cm	3,181...

 u ≈ 3 * d

Umfang des Kreises

Das Verhältnis $\dfrac{u}{d}$ von Umfang u und Durchmesser d ist für alle Kreise gleich.

Es ist die Zahl π (lies „Pi").

Der Umfang ist proportional zum Durchmesser. Je größer der Durchmesser ist, desto größer ist der Umfang.

Der Proportionalitätsfaktor ist die Zahl π.

$u = \pi\, d$

$u = 2\,\pi\, r$

$\pi = $
3,1415926

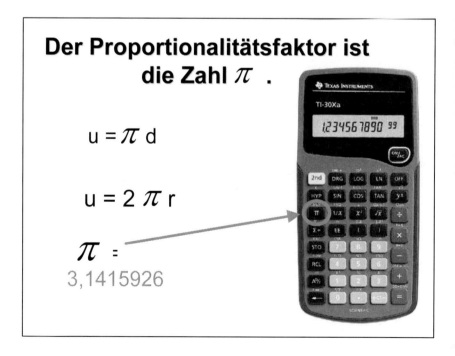

Berechne den Umfang des Kreises

(1) Durchmesser

d = 5,0 cm

Rechnung:

u = π * d

u = π * 5,0

u = 15,70… cm

u ≈ 15,7 cm

(2) Radius

r = 3,84 m

Rechnung:

u = 2 π * r

u = 2 π * 3,84

u = 24,127… m

u ≈ 24,13 m

Berechne r und d des Kreises

(3) Umfang

u = 133 cm

Rechnung:

u = π * d

133 = π * d   d = 24,33… cm

d = $\dfrac{133}{\pi}$ d ≈ 42,3 cm

r ≈ 21,2 cm

---

1) Berechne den Umfang des Kreises.

a)   b)   c)   d)

4 cm   3,2 cm   2,7 cm   9,4 cm

Ergebnis

2) Berechne den Umfang des Balles.

a)   b)   c)   d)   e)

r = 20 mm   r = 23,5 mm   r = 8 cm   r = 9,5 cm   r = 12 cm

Ergebnis

Ergebnis 1)   Ergebnis 2)

a) u = 12,6 cm   a) u = 125,7 cm
b) u = 10,1 cm   b) u = 204,2 cm
c) u = 8,5 cm   c) u = 50,3 cm
d) u = 29,5 cm   d) u = 59,7 cm
                     e) u = 75,4 cm

◀ Zurück

Arbeitsblatt: Der Kreis

Alle Punkte der Kreislinie sind vom **Mittelpunkt** gleich weit entfernt. Jede Strecke vom Mittelpunkt zu einem Punkt der Kreislinie heißt Radius. Eine Strecke, die durch den Mittelpunkt geht und zwei Punkte der Kreislinie verbindet heißt Durchmesser. Der Durchmesser ist doppelt so lang wie der Radius. Die von der Kreislinie eingeschlossene Fläche heißt **Kreisfläche**.

Kreis ▶

Aufgabe 1

	a)	b)	c)	d)	e)
Radius	7 cm	45 cm	1,25 m	1,91 km	0,83 m
Durchmesser	14 cm	90 cm	2,5 m	3,82 km	0,76 m
Umfang	43,98 cm	282,74 cm	7,85 m	12 km	2,4 m

Aufgabe 2

a) d = 9,54 cm
b) r = 0,82 cm

Aufgabe 3

a) u = 131,95 cm
b) 10 cm

DER KREIS   04.05.2005

Alle Punkte der Kreislinie sind vom _____ gleich weit entfernt. Jede Strecke vom Mittelpunkt zu einem Punkt der Kreislinie heißt _____. Eine Strecke, die durch den Mittelpunkt geht und zwei Punkte der Kreislinie verbindet heißt _____. Der _____ ist doppelt so lang wie der _____. Die von der Kreislinie eingeschlossene Fläche heißt _____.

Zeichne ein:

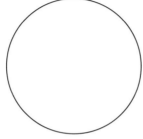

UMFANG DES KREISES - KREISZAHL π

Für den **Umfang u** des Kreises mit dem **Durchmesser d** bzw. dem **Radius r** gilt:

u = π * ☐   **u** = 2 * π * ☐ $\pi \approx$ ☐

AUFGABE 1 Bestimme die fehlenden Werte. Runde.

	a)	b)	c)	d)	e)
Radius	7 cm		1,25 m		
Durchmesser		90 cm			
Umfang				12 km	2,4 m

AUFGABE 2

a) Der Umfang eines Kreises beträgt 30 cm. Wie groß ist sein Durchmesser? Runde.
b) Ein Kreis hat einen Umfang von 2,6 cm. Berechne seinen Radius. Runde.

AUFGABE 3

a) Die Löcher in der Torwand wurden mit Stahlrohr eingefasst. Wie lang war der Stab, der zur Rundung gebogen wurde?
b) Ein Fußball hat einen Umfang von 70 cm. Wie viel Platz bleibt zwischen Ball und Rundung?

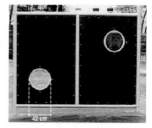

7.3 Verwendete Literatur

- Ministerium für Kultus, Jugend und Sport Baden – Württemberg (2004). Bildungsplan 2004 für die Realschule
- Schröder M, Wurl B & Wynands A (Hrsg.) (2000).Maßstab 8, Mathematik Hauptschule, Baden-Württemberg. Schroedel Verlag GmbH. Hannover
- Scholl W, Drews R (Hrsg.) (keine Jahresangabe). Handbuch Mathematik. Orbis Verlag; der Originalausgabe by FALKEN Verlag.
- Microsoft Corporation (2001). Encarta Enzyklopädie 2001. CD-Rom

Internet

- URL: http://www.din1031.de/wallpapers/ [Stand 24. April 2005]
- Dalhousie University
  URL: http://users.cs.dal.ca/~jborwein/Images/pi-cover.jpg
  [Stand 24.April 2005]
- Andreas – Briegel - Homepage
  URL: http://www.briegel-online.de/mathe/m7/kreiszahl-pi.htm
  [Stand 24. April 2005]
- WIKIPEDIA Die freie Enzyklopädie
  URL: http://de.wikipedia.org/wiki/Hauptseite [Stand 24. April 2005]